Sitzungsberichte
der Heidelberger Akademie der Wissenschaften
Mathematisch-naturwissenschaftliche Klasse

Jahrgang 1960/1961, 4. Abhandlung

Projektive Frobenius-Erweiterungen

Von

Friedrich Kasch

(Vorgelegt in der Sitzung vom 10. November 1960)

Springer-Verlag Berlin Heidelberg GmbH 1961

ISBN 978-3-662-23145-6   ISBN 978-3-662-25130-0 (eBook)
DOI 10.1007/978-3-662-25130-0

Alle Rechte, insbesondere das der Übersetzung in fremde Sprachen,
vorbehalten

Ohne ausdrückliche Genehmigung des Verlages ist es auch nicht gestattet, diese Abhandlung oder Teile daraus auf photomechanischem Wege (Photokopie, Mikrokopie) zu vervielfältigen

© by Springer-Verlag Berlin Heidelberg 1961
Ursprünglich erschienen bei Springer Verlag oHG, Berlin · Gottigen · Heidelberg 1961.

Die Wiedergabe von Gebrauchsnamen, Handelsnamen, Warenbezeichnungen usw. in dieser Abhandlung berechtigt auch ohne besondere Kennzeichnung nicht zu der Annahme, daß solche Namen im Sinne der Warenzeichen- und Markenschutz-Gesetzgebung als frei zu betrachten wären und daher von jedermann benutzt werden dürften.

Projektive Frobenius=Erweiterungen

Von

Friedrich Kasch, Heidelberg

Vorgelegt in der Sitzung vom 10. November 1960

Einleitung

Eine Frobenius-Algebra ist bekanntlich eine endlichdimensionale Algebra Γ/Λ mit 1-Element, für die ein Γ-Modulisomorphismus

$$\Gamma \cong \operatorname{Hom}_\Lambda(\Gamma, \Lambda) \qquad (1)$$

existiert. Diese Dualitätseigenschaft hat man von den Gruppenringen endlicher Gruppen übernommen.

Frobenius-Algebren sind in zwei verschiedenen Richtungen verallgemeinert worden. Einerseits zu Frobenius- und Quasi-Frobenius-Ringen, bei denen man die Bezugnahme auf einen Unterkörper oder Unterring Λ fallen gelassen hat. Andererseits hat man diese Bezugnahme und die Voraussetzung (1) beibehalten, aber die sonstigen Voraussetzungen abgeschwächt.

So betrachten EILENBERG-NAKAYAMA in [3] Frobenius-Algebren Γ über einem Ring Λ, wobei die Voraussetzung der endlichen Dimension im Falle eines Körpers Λ durch die Forderung, daß Γ als Λ-Modul endlich erzeugt und projektiv sei, ersetzt wird. In [3] werden homologische Eigenschaften derartiger Algebren untersucht.

Ferner habe ich in [9] den Begriff der Frobenius-Erweiterung eingeführt, der kürzlich von NAKAYAMA-TSUZUKU in [11] von gewissen Einschränkungen befreit wurde und sich nach [11] folgendermaßen darstellt: Es seien Γ ein Ring mit 1-Element, Λ ein Unterring mit dem gleichen 1-Element, es sei Γ als Λ-Rechtsmodul endlich erzeugt und frei, und es gelte (1) als Λ-Γ-Isomorphie.

Auf der Grundlage von [9] hat K. HIRATA [7] homologische Eigenschaften von Frobenius-Erweiterungen untersucht. Es ist nun wünschenswert, diese Resultate und die von EILENBERG-NAKAYAMA [3] möglichst einheitlich zu gewinnen. Dazu schwächen wir den Begriff der Frobenius-Erweiterung dahingehend ab, daß wir bei sonst gleichen Voraussetzungen an Stelle von „frei" nur „projektiv" verlangen. Damit haben wir die im Titel genannten projektiven Frobenius-Erweiterungen erhalten.

Im ersten Teil der Arbeit zeigen wir, daß die Definition der projektiven Frobenius-Erweiterungen symmetrisch ist und stellen Hilfsmittel für die weiteren Überlegungen bereit. Insbesondere zeigen wir, daß es projektive Frobenius-Erweiterungen gibt, die nicht frei sind.

Im zweiten Teil wird untersucht, wie weit sich eine Frobenius-Erweiterung durch ihren Λ-Endomorphismenring $\text{Hom}_\Lambda(\Gamma,\Gamma)$ charakterisieren läßt. Hier werden wir einen Satz, der nach [9, 11, 10] für freie Frobenius-Erweiterungen bekannt ist, auf projektive Frobenius-Erweiterungen verallgemeinern.

Im dritten Teil betrachten wir dann die homologischen Eigenschaften von projektiven Frobenius-Erweiterungen und erhalten zunächst Resultate, die Ergebnisse von EILENBERG-NAKAYAMA [3] und K. HIRATA [7] enthalten und ergänzen.

Sodann schränken wir die Frobenius-Erweiterungen auf ausgezeichnete projektive Frobenius-Erweiterungen ein. Dabei heiße Γ/Λ ausgezeichnet, wenn Γ als zweiseitiger Λ-Modul einen zu Λ isomorphen direkten Summanden besitzt. Hier ergibt sich als Hauptresultat, daß die schwache bzw. projektive bzw. injektive Dimension eines Λ-Moduls A mit der entsprechenden Dimension des Γ-Moduls $A \underset{\Lambda}{\otimes} \Gamma$ und $\text{Hom}_\Lambda(\Gamma, A)$ übereinstimmt.

Schließlich zeigen wir für freie Frobenius-Erweiterungen, wo eine Spurbildung möglich ist, daß die durch die Spur eines Λ-Homomorphismus in den $\text{Ext}^i_{(\Gamma,\Lambda)}$ für $i>0$ induzierte Abbildung jeweils die Nullabbildung ist. Dieses Resultat, das für Gruppenringe bekannt ist, besitzt interessante Folgerungen.

1. Definition und Kennzeichnung von Frobenius-Erweiterungen

1.1. Voraussetzungen

Es seien in dieser Arbeit stets Γ ein Ring mit 1-Element und Λ ein Unterring von Γ mit dem gleichen 1-Element. Alle Γ- und Λ-Moduln seien unitär. Ist A ein Γ-Rechts- bzw. Γ-Linksmodul, so schreiben wir auch A_Γ bzw. $_\Gamma A$. Die Schreibweise $_\Gamma A_\Lambda \cong {_\Gamma B_\Lambda}$ bedeute, daß die Γ-Links- und Λ-Rechtsmodul A und B Γ-Λ-isomorph seien. Bei Rechtsmoduln schreiben wir Abbildungen links von dem abzubildenden Element und bei Linksmoduln rechts; ist

z. B. f eine Abbildung von A_Γ bzw. $_\Gamma A$, dann sei $f(a)$ bzw. $(a)f$ das Bild eines Elementes $a \in A$ bei f. Der Modul $\operatorname{Hom}_\Lambda(A_\Lambda, \Gamma_\Lambda)$ wird zu einem Γ-Linksmodul, wenn $(\gamma f)(a) = \gamma f(a)$ für $f \in \operatorname{Hom}_\Lambda(A_\Lambda, \Gamma_\Lambda)$, $\gamma \in \Gamma$, $a \in A$ gesetzt wird. Entsprechend wird $\operatorname{Hom}_\Lambda(\Gamma_\Lambda, A_\Lambda)$ zu einem Γ-Rechtsmodul durch die Festsetzung $(f\gamma)(\xi) = f(\gamma\xi)$ für $f \in \operatorname{Hom}_\Lambda(\Gamma_\Lambda, A_\Lambda)$ und $\gamma, \xi \in \Gamma$.

Sei jetzt
$$F_\Lambda = \bigoplus_{i=1}^{n} x_i \Lambda$$
ein freier Λ-Rechtsmodul mit den freien Erzeugenden (= Basis) x_1, ..., x_n. Ist jeweils für $i = 1, ..., n$ die Abbildung $d_i \in \operatorname{Hom}_\Lambda(F_\Lambda, \Gamma_\Lambda)$ durch
$$d_i(x_j) = \delta_{ij} = \begin{cases} 0 & \text{für } i \neq j \\ 1 & \text{für } i = j \end{cases} \tag{2}$$
definiert, dann gilt offenbar
$$\operatorname{Hom}_\Lambda(F_\Lambda, \Gamma_\Lambda) = \bigoplus_{i=1}^{n} \Gamma d_i \tag{3}$$
und ebenso
$$\operatorname{Hom}_\Lambda(F_\Lambda, \Lambda_\Lambda) = \bigoplus_{i=1}^{n} \Lambda d_i.$$

Ferner folgt
$$\Gamma \operatorname{Hom}_\Lambda(F_\Lambda, \Lambda_\Lambda) = \operatorname{Hom}_\Lambda(F_\Lambda, \Gamma_\Lambda).$$

Sei nun $F_\Lambda = A_\Lambda \oplus B_\Lambda$, dann denken wir uns jede Abbildung $f \in \operatorname{Hom}_\Lambda(A_\Lambda, \Gamma_\Lambda)$ durch die Festsetzung $f(b) = 0$ für alle $b \in B$ zu einer Abbildung von F_Λ fortgesetzt, so daß $\operatorname{Hom}_\Lambda(A_\Lambda, \Gamma_\Lambda)$ als Untermodul von $\operatorname{Hom}_\Lambda(F_\Lambda, \Gamma_\Lambda)$ betrachtet werden kann; entsprechend für B_Λ. Dann gelten die folgenden Gleichungen:
$$\left. \begin{array}{l} \operatorname{Hom}_\Lambda(F_\Lambda, \Gamma_\Lambda) = \operatorname{Hom}_\Lambda(A_\Lambda, \Gamma_\Lambda) \oplus \operatorname{Hom}_\Lambda(B_\Lambda, \Gamma_\Lambda) \\ \operatorname{Hom}_\Lambda(F_\Lambda, \Lambda_\Lambda) = \operatorname{Hom}_\Lambda(A_\Lambda, \Lambda_\Lambda) \oplus \operatorname{Hom}_\Lambda(B_\Lambda, \Lambda_\Lambda) \\ \Gamma \operatorname{Hom}_\Lambda(A_\Lambda, \Lambda_\Lambda) = \operatorname{Hom}_\Lambda(A_\Lambda, \Gamma_\Lambda). \end{array} \right\} \tag{4}$$

Ferner besitzt $\operatorname{Hom}_\Lambda(A_\Lambda, \Gamma_\Lambda)$ bzw. $\operatorname{Hom}_\Lambda(A_\Lambda, \Lambda_\Lambda)$ als Γ- bzw. Λ-Linksmodul ein endliches Erzeugendensystem, nämlich die Einschränkungen der Abbildungen d_i ($i = 1, ..., n$) von F auf A.

Sei jetzt Γ als Λ-Rechtsmodul endlich erzeugt und projektiv, dann ist Γ direkter Summand eines endlich erzeugten freien Λ-Rechtsmoduls F_Λ, und für Γ_Λ treffen die zuvor für A_Λ gemachten Feststellungen zu. Daraus folgt, daß $\operatorname{Hom}_\Lambda(\Gamma_\Lambda, \Lambda_\Lambda)$ als Λ-Linksmodul ebenfalls endlich erzeugt und projektiv ist. Außerdem ist zu bemerken, daß $\text{Hom}_\Lambda(\Gamma_\Lambda, \Lambda_\Lambda)$ nicht nur Λ-Links- sondern auch noch Γ-Rechtsmodul ist.

Da Γ_Λ endlich erzeugt und projektiv ist, gilt für jeden Modul $_\Lambda C$ (nach [3], S. 2)

$$\Gamma \underset{\Lambda}{\otimes} C \cong \text{Hom}_\Lambda(_\Lambda\text{Hom}_\Lambda(\Gamma_\Lambda, \Lambda_\Lambda), _\Lambda C) \tag{5}$$

als Γ-Linksmoduln; ebenso gilt für jeden Modul C_Λ

$$C \underset{\Lambda}{\otimes} \Gamma \cong \text{Hom}_\Lambda(\text{Hom}_\Lambda(_\Lambda\Gamma, _\Lambda\Lambda)_\Lambda, C_\Lambda) \tag{6}$$

als Γ-Rechtsmoduln. Aus (5) folgt speziell für $C = \Lambda$ die Γ-Λ-Isomorphie

$$\Gamma \cong \text{Hom}_\Lambda(_\Lambda\text{Hom}_\Lambda(\Gamma_\Lambda, \Lambda_\Lambda), _\Lambda\Lambda), \tag{7}$$

die explizit durch

$$\Gamma \ni \gamma \to (\text{Hom}_\Lambda(\Gamma_\Lambda, \Lambda_\Lambda) \ni f \to f(\gamma) \in \Lambda)$$

gegeben wird.

1.2. Definition der Frobenius-Erweiterungen

Wir gehen von den folgenden Bedingungen aus:

(r1) $_\Lambda\Gamma_\Gamma \cong {}_\Lambda\text{Hom}_\Lambda(\Gamma_\Lambda, \Lambda_\Lambda)_\Gamma$

(r2) Γ_Λ ist endlich erzeugt und projektiv

(r3) Γ_Λ ist endlich erzeugt und frei

(l1) $_\Gamma\Gamma_\Lambda \cong {}_\Gamma\text{Hom}_\Lambda(_\Lambda\Gamma, _\Lambda\Lambda)_\Lambda$

(l2) $_\Lambda\Gamma$ ist endlich erzeugt und projektiv

(l3) $_\Lambda\Gamma$ ist endlich erzeugt und frei.

Bemerkung 1

a) Die Bedingungen (r1) *und* (r2) *sind äquivalent zu* (l1) *und* (l2).

b) Die Bedingungen (r1) *und* (r3) *sind äquivalent zu* (l1) *und* (l3).

Beweis. Seien (r1) und (r2) erfüllt. Wie schon festgestellt, ist wegen (r2) $\text{Hom}_\Lambda(\Gamma_\Lambda, \Lambda_\Lambda)$ als Λ-Linksmodul endlich erzeugt und projektiv. Wegen (r1) folgt dann (l2). Gilt (r3), so erhält man ebenso (l3). Wegen (r1) und (7) gilt schließlich (l1). Die Umkehrung folgt ebenso.

Definition

a) Die Ringerweiterung Γ/Λ heißt Frobenius-Erweiterung, wenn die Bedingungen aus Bemerkung 1a) erfüllt sind.

b) *Die Ringerweiterung Γ/Λ heißt freie Frobenius-Erweiterung, wenn die Bedingungen aus Bemerkung 1b) erfüllt sind.*

Die im Titel dieser Arbeit genannten projektiven Frobenius-Erweiterungen werden also jetzt kurz Frobenius-Erweiterungen genannt, und nur die spezielleren freien Frobenius-Erweiterungen erhalten das zusätzliche Adjektiv.

Wir bemerken schließlich noch, daß es zu je zwei Isomorphismen φ_1 und φ_2 von $_\Lambda\Gamma_\Gamma$ und $_\Lambda\text{Hom}_\Lambda(\Gamma_\Lambda, \Lambda_\Lambda)_\Gamma$ stets ein invertierbares Element ζ aus dem Zentralisator von Λ in Γ gibt, so daß $\varphi_2(\gamma) = \varphi_1(\zeta\gamma)$ für alle $\gamma \in \Gamma$ gilt.

Wie bei freien Frobenius-Erweiterungen kann auch jetzt der Isomorphismus (r1) bzw. (l1), den wir auch als Frobenius-Isomorphismus bezeichnen wollen, durch einen „Frobenius-Homomorphismus" ersetzt werden. Dazu betrachten wir die folgenden Bedingungen:

(r1') Es gibt einen zweiseitigen Λ-Homomorphismus ψ von Γ in Λ so, daß die Abbildung

$$\Gamma \ni \gamma \to \psi\gamma \in \text{Hom}_\Lambda(\Gamma_\Lambda, \Lambda_\Lambda)$$

ein Λ-Γ-Isomorphismus ist.

(l1') Es gibt einen zweiseitigen Λ-Homomorphismus ψ von Γ in Λ so, daß die Abbildung

$$\Gamma \ni \gamma \to \gamma\psi \in \text{Hom}_\Lambda(_\Lambda\Gamma, _\Lambda\Lambda)$$

ein Γ-Λ-Isomorphismus ist.

Bemerkung 2. *Dann und nur dann ist Γ/Λ eine Frobeniuserweiterung bzw. eine freie Frobenius-Erweiterung, wenn (r1') und (r2) bzw. (r1') und (r3) oder (l1') und (l2) bzw. (l1') und (l3) erfüllt sind.*

Beweis. Es genügt zu zeigen, daß (r1) und (r1') äquivalent sind. Aus (r1') folgt unmittelbar (r1). Sei nun (r1) erfüllt und φ der Λ-Γ-Isomorphismus von Γ und $\text{Hom}_\Lambda(\Gamma_\Lambda, \Lambda_\Lambda)$, dann wollen wir zeigen, daß $\psi = \varphi(1)$ die Bedingung (r1') erfüllt. Als Element aus $\text{Hom}_\Lambda(\Gamma_\Lambda, \Lambda_\Lambda)$ ist ψ ein Λ-Rechtshomomorphismus. Ferner gilt für $\lambda \in \Lambda$, $\gamma \in \Gamma$

$$\psi(\lambda\gamma) = \varphi(1)(\lambda\gamma) = \varphi(\lambda)(\gamma) = \lambda\varphi(1)(\gamma) = \lambda\psi(\gamma),$$

also ist ψ ein zweiseitiger Λ-Homomorphismus. Die Abbildung

$$\Gamma \ni \gamma \to \psi\gamma = \varphi(1)\gamma = \varphi(\gamma) \in \text{Hom}_\Lambda(\Gamma_\Lambda, \Lambda_\Lambda)$$

stimmt mit φ überein und ist folglich ein Λ-Γ-Isomorphismus. Damit ist (r1') bewiesen.

Wir stellen noch fest, daß bei einer freen Frobenius-Erweiterung ψ ein Epimorphismus ist. Zu jedem $\lambda \in \Lambda$ gibt es dann nämlich (mindestens) ein $h \in \mathrm{Hom}_\Lambda(\Gamma_\Lambda, \Lambda_\Lambda)$ und ein $\gamma \in \Gamma$ mit $h(\gamma) = \lambda$; sei $\psi \gamma_0 = h$, dann folgt $\psi(\gamma_0 \gamma) = \lambda$.

Schließlich wollen wir feststellen, daß es Frobenius-Erweiterungen gibt, die nicht frei sind. Dazu betrachten wir zu zwei Frobenius-Erweiterungen Γ_1/Λ_1 und Γ_2/Λ_2 die direkte Summe $\Gamma = \Gamma_1 \oplus \Gamma_2$, für die die Multiplikation durch $(\gamma_1 + \gamma_2)(\gamma_1' + \gamma_2') = \gamma_1 \gamma_1' + \gamma_2 \gamma_2'$, $\gamma_1, \gamma_1' \in \Gamma_1$, $\gamma_2, \gamma_2' \in \Gamma_2$ definiert sei. Dann ist Γ ein Ring und $\Lambda = \Lambda_1 \oplus \Lambda_2$ ein Unterring von Γ mit dem gleichen 1-Element. Man prüft sofort nach, daß Γ/Λ Frobenius-Erweiterung ist. Außerdem ergibt sich, daß Γ/Λ dann und nur dann freie Frobenius-Erweiterung ist, wenn Γ_1/Λ_1 und Γ_2/Λ_2 freie Frobenius-Erweiterungen gleicher Dimension sind. Daraus folgt sofort, daß es Frobenius-Erweiterungen gibt, die nicht frei sind.

1.3. Freie Frobenius-Erweiterungen

Wir stellen hier einige (aus [9] und [11]) bekannte Tatsachen über freie Frobenius-Erweiterungen zusammen, die später gebraucht werden.

Sei Γ/Λ eine Ringerweiterung und seien $r_1, \ldots, r_n$ eine Rechts- sowie $l_1, \ldots, l_n$ eine Linksbasis von Γ/Λ. Diese Basen heißen dual (zueinander), wenn die durch $r_1, \ldots, r_n$ erzeugte Rechtsdarstellung von Γ in Λ_n mit der durch $l_1, \ldots, l_n$ erzeugten Linksdarstellung übereinstimmt. Das bedeutet, daß für jedes $\gamma \in \Gamma$ aus

$$\gamma r_j = \sum_{i=1}^n r_i \lambda_{ij}, \qquad \lambda_{ij} \in \Lambda \quad (j = 1, \ldots, n)$$

die Gleichungen

$$l_i \gamma = \sum_{j=1}^n \lambda_{ij} l_j \qquad (i = 1, \ldots, n)$$

folgen und umgekehrt.

Wesentlich ist nun, daß freie Frobenius-Erweiterungen durch duale Basen charakterisiert werden können. Es gilt: *Dann und nur dann ist Γ/Λ eine freie Frobenius-Erweiterung, wenn endliche duale Basen von Γ/Λ existieren.*

Mit Hilfe von dualen Basen kann nun auch sofort ein Frobenius-Homomorphismus ψ angegeben werden, der gleichzeitig (r1') und

(11') genügt. Die Elemente $\gamma_1, \gamma_2 \in \Gamma$ mögen die Basisdarstellungen

$$\gamma_1 = \sum_{i=1}^n \lambda_i l_i, \qquad \gamma_2 = \sum_{i=1}^n r_i \mu_i, \qquad \lambda_i, \mu_i \in \Lambda$$

besitzen, dann wird ψ für das Produkt $\gamma_1 \gamma_2$ durch

$$\psi(\gamma_1 \gamma_2) = \sum_{i=1}^n \lambda_i \mu_i$$

definiert, so daß insbesondere

$$\psi(l_i r_j) = \delta_{ij} \tag{8}$$

gilt. Da man jedes Element $\gamma \in \Gamma$ als Produkt von zwei Elementen schreiben kann (z.B. $\gamma = 1 \gamma$) und da $\psi(\gamma_1 \gamma_2)$ wegen der Dualität der Basen nur vom Produkt abhängt, liefert ψ einen Homomorphismus von Γ in Λ, der gleichzeitig (r1') und (11') erfüllt.

Für später merken wir noch die Gleichung

$$1 = \sum_{i=1}^n \psi(r_i) l_i \tag{9}$$

an, die sofort aus (8) folgt.

2. Kennzeichnung einer Frobenius-Erweiterung durch ihren Endomorphismenring

2.1. In [9] habe ich den besonders im Hinblick auf die Galoissche Theorie der Schiefkörper und Ringe interessierenden folgenden Satz bewiesen: Unter gewissen Voraussetzungen (die hier nicht angegeben werden sollen) ist eine endlich erzeugte, freie Ringerweiterung Γ/Λ dann und nur dann (freie) Frobenius-Erweiterung, wenn der Λ-Endomorphismenring $\mathrm{Hom}_\Lambda(\Gamma_\Lambda, \Gamma_\Lambda)$ Frobenius-Erweiterung des Ringes Γ^l der Linksmultiplikatoren von Γ ist. Kürzlich konnten NAKAYAMA-TSUZUKU in [11] zeigen, daß die dabei von mir gemachten Voraussetzungen überflüssig sind. Schließlich konnte ich in [10] einen Beweis dieses Satzes für freie Frobenius-Erweiterungen geben, bei dem nicht von dualen Basen Gebrauch gemacht wird. Diese Beweisführung ermöglicht es nun, den Satz mit einer gewissen Einschränkung auch für beliebige Frobenius-Erweiterungen zu beweisen.

2.2. Zur Vorbereitung beweisen wir drei Hilfssätze.

Hilfssatz 1: *Sei Γ/Λ eine beliebige Ringerweiterung. Für jedes $f \in \mathrm{Hom}_\Lambda(\Gamma_\Lambda, \Lambda_\Lambda)$ gilt dann $\mathrm{Hom}_\Lambda(\Gamma_\Lambda, \Gamma_\Lambda) f = \Gamma f$.*

Beweis. Für jedes $\xi \in \Gamma$ gilt $f(\xi) \in \Lambda$; daher folgt für beliebiges $h \in \operatorname{Hom}_\Lambda(\Gamma_\Lambda, \Gamma_\Lambda)$

$$hf(\xi) = h\bigl(1 \, f(\xi)\bigr) = h(1) \, f(\xi) = \bigl(h(1) f\bigr)(\xi).$$

Hilfssatz 2: *Sei Γ/Λ eine Ringerweiterung, und sei Γ_Λ projektiv. Dann gibt es zu jedem $h \in \operatorname{Hom}_\Lambda(\Gamma_\Lambda, \Gamma_\Lambda)$, $h \neq 0$ ein $f \in \operatorname{Hom}_\Lambda(\Gamma_\Lambda, \Lambda_\Lambda)$ mit $fh \neq 0$.*

Beweis. Es genügt zu zeigen: Zu jedem $\xi \in \Gamma$, $\xi \neq 0$ gibt es ein $f \in \operatorname{Hom}_\Lambda(\Gamma_\Lambda, \Lambda_\Lambda)$ mit $f(\xi) \neq 0$. Nach Voraussetzung gibt es einen freien Modul

$$F_\Lambda = \oplus \, x_i \Lambda = \Gamma_\Lambda \oplus B_\Lambda.$$

Zu $\xi \in \Gamma \subseteq F_\Lambda$, $\xi \neq 0$ gibt es dann offenbar ein $g \in \operatorname{Hom}_\Lambda(F_\Lambda, \Lambda_\Lambda)$ mit $g(\xi) \neq 0$. Dann ist die Einschränkung f von g auf Γ ein Element aus $\operatorname{Hom}_\Lambda(\Gamma_\Lambda, \Lambda_\Lambda)$ mit $f(\xi) = g(\xi) \neq 0$.

Hilfssatz 3: *Sei $F_\Lambda = \bigoplus_{i=1}^{n} x_i \Lambda$ ein freier Λ-Rechtsmodul mit der Basis $x_1, \ldots, x_n$ und seine $f_1, \ldots, f_n \in \operatorname{Hom}_\Lambda(F_\Lambda, \Lambda_\Lambda)$ beliebig gegeben, dann gibt es ein $h \in \operatorname{Hom}_\Lambda(F_\Lambda, F_\Lambda)$, so daß für die Abbildungen d_i aus* (2)

$$d_i h = f_i \qquad (i = 1, \ldots, n)$$

gilt.

Beweis. Sei $f_i = \sum_{j=1}^{n} \lambda_{ij} d_j$, $\lambda_{ij} \in \Lambda$; sei ferner $h_j \in \operatorname{Hom}_\Lambda(F_\Lambda, F_\Lambda)$ die Abbildung, die x_j auf $\sum_{i=1}^{n} x_i \lambda_{ij}$ und x_k $(k \neq j)$ auf 0 abbildet. Dann folgt

$$d_i \sum_{j=1}^{n} h_j = \sum_{j=1}^{n} \lambda_{ij} d_j = f_i,$$

d.h. $h = \sum_{j=1}^{n} h_j$ ist die gesuchte Abbildung.

2.3. In $\operatorname{Hom}_\Lambda(\Gamma_\Lambda, \Gamma_\Lambda)$ ist der Ring Γ^l der Linksmultiplikatoren enthalten. Wegen der Ringisomorphie $\Gamma \cong \Gamma^l$ kann, falls keine Verwechslung möglich ist, der Index l weggelassen werden.

Satz 1: *Ist Γ/Λ eine Frobenius-Erweiterung bzw. eine freie Frobenius-Erweiterung, dann ist auch $\operatorname{Hom}_\Lambda(\Gamma_\Lambda, \Gamma_\Lambda)/\Gamma^l$ eine Frobenius-Erweiterung bzw. eine freie Frobenius-Erweiterung.*

Beweis. Wir wollen zeigen: Aus (r1) und (r2) bzw. (r1) und (r3) für Γ/Λ folgt (11') und (12) bzw. (11') und (13) für $\operatorname{Hom}_\Lambda(\Gamma_\Lambda, \Gamma_\Lambda)/\Gamma$. Nach den Feststellungen in 1.1. folgt aus (r2) bzw. (r3) für Γ/Λ zunächst (l2) bzw. (l3) für $\operatorname{Hom}_\Lambda(\Gamma_\Lambda, \Gamma_\Lambda)/\Gamma$. Es bleibt die Gültigkeit

Projektive Frobenius-Erweiterungen

von (11') für $\text{Hom}_\Lambda(\Gamma_\Lambda, \Gamma_\Lambda)/\Gamma$ nachzuweisen. Dazu werden wir den nach (r1) existierenden „rechtsseitigen" Frobenius-Isomorphismus

$$\varphi: \text{Hom}_\Lambda(\Gamma_\Lambda, \Lambda_\Lambda) \to \Gamma$$

zu einem (11') genügenden „linksseitigen" Frobenius-Homomorphismus

$$\psi: \text{Hom}_\Lambda(\Gamma_\Lambda, \Gamma_\Lambda) \to \Gamma$$

fortsetzen.

Nach Voraussetzung gibt es einen freien Modul

$$F_\Lambda = \bigoplus_{i=1}^{n} x_i \Lambda = \Gamma_\Lambda \oplus B_\Lambda.$$

Dann folgt nach (4), daß φ zunächst zu einem Homomorphismus φ_1 von $\text{Hom}_\Lambda(F_\Lambda, \Lambda_\Lambda)$ auf Γ fortgesetzt werden kann. Damit ist φ_1 für die Abbildungen d_i ($i=1,\ldots,n$) erklärt. Wegen (3) existiert dann eine Fortsetzung von φ_1 zu einer Abbildung φ_2 von $\text{Hom}(F_\Lambda, \Gamma_\Lambda)$ auf Γ. Die Einschränkung ψ von φ_2 auf $\text{Hom}_\Lambda(\Gamma_\Lambda, \Gamma_\Lambda)$ wird dann die gewünschten Eigenschaften besitzen. Wegen $\Gamma\,\text{Hom}_\Lambda(\Gamma_\Lambda, \Lambda_\Lambda) = \text{Hom}_\Lambda(\Gamma_\Lambda, \Gamma_\Lambda)$ kann man jedes Element aus $\text{Hom}_\Lambda(\Gamma_\Lambda, \Gamma_\Lambda)$ als endliche Summe $\sum \gamma_i f_i$ mit $\gamma_i \in \Gamma$, $f_i \in \text{Hom}_\Lambda(\Gamma_\Lambda, \Lambda_\Lambda)$ schreiben. Nach Definition von ψ gilt für $\gamma, \gamma_1 \in \Gamma$, $f \in \text{Hom}_\Lambda(\Gamma_\Lambda, \Lambda_\Lambda)$

$$(\gamma_1 f \gamma)\psi = \gamma_1 \cdot \varphi(f\gamma) = \gamma_1 \cdot \varphi(f) \cdot \gamma = \gamma_1 \cdot (f)\psi \cdot \gamma,$$

d.h. ψ ist ein zweiseitiger Γ-Homomorphismus.

Es ist dann zu zeigen, daß

$$\text{Hom}_\Lambda(\Gamma_\Lambda, \Gamma_\Lambda) \ni h \to h\psi \in \text{Hom}_\Gamma({}_\Gamma\text{Hom}_\Lambda(\Gamma_\Lambda, \Gamma_\Lambda), {}_\Gamma\Gamma) \quad (10)$$

ein Isomorphismus ist. Ist $h \neq 0$, so gibt es nach Hilfssatz 2 ein $f \in \text{Hom}_\Lambda(\Gamma_\Lambda, \Lambda_\Lambda)$ mit $fh \neq 0$. Dann folgt wegen $fh \in \text{Hom}_\Lambda(\Gamma_\Lambda, \Lambda_\Lambda)$ und da φ ein Isomorphismus ist

$$(fh)\psi = \varphi(fh) \neq 0.$$

Also ist (10) ein Monomorphismus.

Um zu zeigen, daß (10) ein Epimorphismus ist, benutzen wir die Gleichung

$$\text{Hom}_\Lambda(F_\Lambda, \Gamma_\Lambda) = \bigoplus_{i=1}^{n} \Gamma d_i = \text{Hom}_\Lambda(\Gamma_\Lambda, \Gamma_\Lambda) \oplus \text{Hom}_\Lambda(B_\Lambda, \Gamma_\Lambda). \quad (11)$$

ψ wird durch die Festsetzung

$$(f)\psi = 0 \quad \text{für} \quad f \in \text{Hom}_\Lambda(B_\Lambda, \Gamma_\Lambda) \quad (12)$$

auf $\text{Hom}_\Lambda(F_\Lambda, \Gamma_\Lambda)$ fortgesetzt. Dann soll gezeigt werden, daß

$$\text{Hom}_\Lambda(F_\Lambda, F_\Lambda) \ni h \to h\psi \in \text{Hom}_\Gamma\left(_\Gamma\text{Hom}_\Lambda(F_\Lambda, \Gamma_\Lambda), _\Gamma\Gamma\right) \quad (13)$$

ein Epimorphismus ist. Gibt man für $d_1, \ldots, d_n$ beliebige Bilder $\gamma_1, \ldots, \gamma_n \in \Gamma$ vor, dann sei

$$f_i = \varphi^{-1}(\gamma_i) \in \text{Hom}_\Lambda(\Gamma_\Lambda, \Lambda_\Lambda) \subseteq \text{Hom}_\Lambda(F_\Lambda, \Lambda_\Lambda) \quad (i=1, \ldots, n).$$

Sei nach Hilfssatz 3 $h \in \text{Hom}_\Lambda(F_\Lambda, F_\Lambda)$ so bestimmt, daß $d_i h = f_i$ $(i=1, \ldots, n)$ gilt, dann folgt

$$(d_i h)\psi = (f_i)\psi = \varphi(f_i) = \gamma_i \quad (i=1, \ldots, n),$$

also ist (13) tatsächlich ein Epimorphismus.

Ist Γ_Λ frei, d.h. $F = \Gamma$, dann ist man fertig. Im allgemeinen Fall beachte man, daß wegen (12) auch

$$\text{Hom}_\Lambda(\Gamma_\Lambda, F_\Lambda) \ni h \to h\psi \in \text{Hom}_\Gamma\left(_\Gamma\text{Hom}_\Lambda(F_\Lambda, \Gamma_\Lambda), _\Gamma\Gamma\right)$$

ein Epimorphismus ist. Schränkt man $h\psi$ auf $\text{Hom}_\Lambda(\Gamma_\Lambda, \Gamma_\Lambda)$ ein, so folgt wegen (11) der behauptete Epimorphismus (10). Damit ist Satz 1 bewiesen.

2.4. Es erhebt sich natürlich die Frage, ob auch die Umkehrung von Satz 1 richtig ist. Es dürfte schwierig sein, diese Frage zu entscheiden, doch kann immerhin gezeigt werden

Satz 2: *Ist Γ/Λ eine Ringerweiterung und genügt $\text{Hom}_\Lambda(\Gamma_\Lambda, \Gamma_\Lambda)/\Gamma^l$ der Bedingung* (11'), *dann gibt es einen Λ-Γ-Monomorphismus von $\text{Hom}_\Lambda(\Gamma_\Lambda, \Lambda_\Lambda)$ in Γ. Besitzt außerdem Γ als Λ-Rechtsmodul einen zu Λ isomorphen direkten Summanden, dann gibt es einen Λ-Γ-Isomorphismus von $\text{Hom}_\Lambda(\Gamma_\Lambda, \Lambda_\Lambda)$ und Γ, d.h. dann ist für Γ/Λ* (r1) *erfüllt.*

Daraus und aus Satz 1 ergibt sich unmittelbar die

Folgerung: *Ist Γ als Λ-Rechtsmodul endlich erzeugt und projektiv und besitzt Γ_Λ einen zu Λ isomorphen direkten Summanden, so gilt: Dann und nur dann ist Γ/Λ Frobenius-Erweiterung, wenn $\text{Hom}_\Lambda(\Gamma_\Lambda, \Gamma_\Lambda)/\Gamma^l$ Frobenius-Erweiterung ist.*

Insbesondere sind die Voraussetzungen der Folgerung erfüllt, wenn Γ_Λ endlich erzeugt und frei ist. Dann ergibt sich das anfangs erwähnte Resultat.

Beweis von Satz 2. Nach Voraussetzung gibt es einen (11') genügenden Homomorphismus ψ von $\text{Hom}_\Lambda(\Gamma_\Lambda, \Gamma_\Lambda)$ in Γ. Die Einschränkung von ψ auf $\text{Hom}_\Lambda(\Gamma_\Lambda, \Lambda_\Lambda)$ sei φ, wobei für $f \in \text{Hom}_\Lambda(\Gamma_\Lambda, \Lambda_\Lambda)$

$\varphi(f) = (f)\psi$ geschrieben wird. Da ψ ein zweiseitiger Γ-Homomorphismus ist, ist jedenfalls φ ein Λ-Γ-Homomorphismus. Sei nun für $f \in \text{Hom}_\Lambda(\Gamma_\Lambda, \Lambda_\Lambda)$ $\varphi(f) = (f)\psi = 0$, dann folgt $(\Gamma f)\psi = 0$ und wegen Hilfssatz 1 sogar $(\text{Hom}_\Lambda(\Gamma_\Lambda, \Gamma_\Lambda)f)\psi = 0$, also gilt wegen (11') $f = 0$, d.h. φ ist ein Monomorphismus.

Sei nun
$$\Gamma = x\Lambda \oplus \Lambda_\Lambda, \quad x\Lambda_\Lambda \cong \Lambda_\Lambda,$$
und sei $\gamma \in \Gamma$ beliebig gegeben. Wir definieren $d \in \text{Hom}_\Lambda(\Gamma_\Lambda, \Lambda_\Lambda)$ durch die Festsetzung
$$d(x) = 1, \quad d(\Lambda) = 0,$$
dann folgt
$$\text{Hom}_\Lambda(\Gamma_\Lambda, \Gamma_\Lambda) = \Gamma d \oplus \text{Hom}_\Lambda(\Lambda_\Lambda, \Gamma_\Lambda).$$

Sei nun $\sigma \in \text{Hom}_\Gamma(_\Gamma\text{Hom}_\Lambda(\Gamma_\Lambda, \Gamma_\Lambda), _\Gamma\Gamma)$ definiert durch
$$(d)\sigma = \gamma, \quad (\text{Hom}_\Lambda(\Lambda_\Lambda, \Gamma_\Lambda))\sigma = 0,$$
dann gibt es nach Voraussetzung ein $h \in \text{Hom}_\Lambda(\Gamma_\Lambda, \Gamma_\Lambda)$ mit $\sigma = h\psi$. Es folgt
$$\gamma = (d)\sigma = (dh)\psi = \varphi(dh).$$

Somit ist φ ein Epimorphismus.

Es bleibt die Frage, ob man die Voraussetzung, daß Γ_Λ einen zu Λ isomorphen direkten Summanden besitzt, vermeiden kann.

3. Homologische Eigenschaften von Frobenius-Erweiterungen

3.1. Allgemeine Eigenschaften

Wir erinnern zunächst an einige Begriffe und Resultate aus der relativen homologischen Algebra (relativ in bezug auf ein Ringpaar). Sei wie bisher Γ ein Ring mit 1-Element und Λ ein Unterring mit dem gleichen 1-Element. Eine Folge von Γ-Rechtsmoduln und Γ-Homomorphismen
$$\cdots \to A_{i+1} \xrightarrow{\alpha_{i+1}} A_i \xrightarrow{\alpha_i} A_{i-1} \to \cdots \qquad (14)$$
heißt (Γ, Λ)-exakt, wenn sie Γ-exakt ist und für jedes i $\text{Ke}(\alpha_i)$ und $\text{Bi}(\alpha_i)$ Λ-direkte Summanden in A_i bzw. A_{i-1} sind. Der Γ-Rechtsmodul B heißt (Γ, Λ)-projektiv bzw. (Γ, Λ)-injektiv, wenn für jede (Γ, Λ)-exakte Folge (14) auch die Folge
$$\cdots \to \text{Hom}_\Gamma(B, A_{i+1}) \xrightarrow{\text{Hom}(1, \alpha_{i+1})} \text{Hom}_\Gamma(B, A_i)$$
$$\xrightarrow{\text{Hom}(1, \alpha_i)} \text{Hom}_\Gamma(B, A_{i-1}) \to \cdots$$

bzw.

$$\cdots \to \mathrm{Hom}_\Gamma(A_{i-1}, B) \xrightarrow{\mathrm{Hom}(\alpha_i, 1)} \mathrm{Hom}_\Gamma(A_i, B)$$
$$\xrightarrow{\mathrm{Hom}(\alpha_{i+1}, 1)} \mathrm{Hom}_\Gamma(A_{i+1}, B) \to \cdots$$

exakt ist. Es gelten dann folgende Aussagen[1]:

(P1) Ist C ein beliebiger Λ-Rechtsmodul, dann ist $C \underset{\Lambda}{\otimes} \Gamma$ ein (Γ, Λ)-projektiver Γ-Rechtsmodul.

(P2) Ist C ein projektiver Λ-Rechtsmodul, dann ist $C \underset{\Lambda}{\otimes} \Gamma$ ein projektiver Γ-Rechtsmodul.

(P3) Für einen Γ-Rechtsmodul C sind folgende Eigenschaften äquivalent:

(a) C ist (Γ, Λ)-projektiv;

(b) Jede (Γ, Λ)-exakte Folge $B \to C \to 0$ ist (Γ, Γ)-exakt;

(c) $C \underset{\Lambda}{\otimes} \Gamma$ besitzt einen zu C isomorphen Γ-direkten Summanden.

(I1) Ist C ein beliebiger Λ-Rechtsmodul, dann ist $\mathrm{Hom}_\Lambda(\Gamma, C)$ ein (Γ, Λ)-injektiver Γ-Rechtsmodul.

(I2) Ist C ein injektiver Λ-Rechtsmodul, dann ist $\mathrm{Hom}_\Lambda(\Gamma, C)$ ein injektiver Γ-Rechtsmodul.

(I3) Für einen Γ-Rechtsmodul C sind folgende Eigenschaften äquivalent:

(a) C ist (Γ, Λ)-injektiv;

(b) Jede (Γ, Λ)-exakte Folge $0 \to C \to B$ ist (Γ, Γ)-exakt;

(c) $\mathrm{Hom}_\Lambda(\Gamma, C)$ besitzt einen zu C isomorphen Γ-direkten Summanden.

Daraus ergeben sich für eine Frobenius-Erweiterung Γ/Λ sofort eine Reihe von Folgerungen.

(I) *Ist Λ rechtsseitig selbstinjektiv, dann auch Γ. Speziell: Eine Frobenius-Erweiterung eines Quasi-Frobenius-Rings ist ein Quasi-Frobenius-Ring*[2].

Beweis: Die erste Behauptung folgt aus (r1) und (I2). Die Quasi-Frobenius-Ringe sind genau die rechtsseitig selbstinjektiven

---

[1] Siehe [8] oder [2]; (Γ, Λ)-projektive bzw. (Γ, Λ)-injektive Moduln werden in [2] φ-projektiv bzw. φ-injektiv genannt. In [9], wo diese Begriffe zum erstenmal in der Literatur für beliebige Ringerweiterungen Γ/Λ auftreten, werden sie im Anschluß an [4] als M_0- bzw. M_u-Moduln bezeichnet.

[2] Spezialfälle s. [9], Satz 10; [3], Corollary 9, Corollary 20; [7], Corollary 4, Theorem 6.

Ringe mit Minimalbedingung für Rechtsideale [3]. Daraus folgt die zweite Behauptung.

(II) *Für einen beliebigen Λ-Rechtsmodul C gilt*
$$C \underset{\Lambda}{\otimes} \Gamma \simeq \operatorname{Hom}_\Lambda(\Gamma, C).$$

Beweis: Folgt aus (6) und (11).

(III) *Ein Γ-Rechts-(oder Linksmodul) ist dann und nur dann (Γ, Λ)-projektiv, wenn er (Γ, Λ)-injektiv ist.*

Beweis: Folgt aus (P3), (I3) und (II).

Wir bezeichnen die projektive bzw. injektive bzw. schwache Dimension des Γ-Moduls C mit p-dim$_\Gamma(C)$ bzw. i-dim$_\Gamma(C)$ bzw. s-dim$_\Gamma(C)$. Die entsprechenden (Γ, Λ)-Dimensionen von C werden mit p-dim$_{(\Gamma, \Lambda)}(C)$ bzw. i-dim$_{(\Gamma, \Lambda)}(C)$ bzw. s-dim$_{(\Gamma, \Lambda)}(C)$ bezeichnet. Für die globale Dimension des Ringes Γ bzw. der Ringerweiterung Γ/Λ schreiben wir g-dim(Γ) bzw. g-dim(Γ, Λ).

(IV) *Für einen beliebigen Γ-Rechtsmodul C gilt*[3]
$$\text{p-dim}_{(\Gamma, \Lambda)}(C) = \text{i-dim}_{(\Gamma, \Lambda)}(C) = \begin{cases} 0 \\ \infty \end{cases}.$$

Beweis: Wegen (III) sowie (P3) und (I3) kann man jede endliche (Γ, Λ)-projektive bzw. (Γ, Λ)-injektive Auflösung zu einer der Länge 0 verkürzen. Wegen (III) folgt die Behauptung.

(V) *Jeder Γ-Rechtsmodul besitzt eine (Γ, Λ)-vollständige Auflösung.*

Beweis: Klar wegen (III).

(VI) *Für einen beliebigen Γ-Rechtsmodul A und Λ-Rechtsmodul C gilt*[4]
$$\operatorname{Ext}^i_{(\Gamma, \Lambda)}(A, C \underset{\Lambda}{\otimes} \Gamma) = \operatorname{Ext}^i_{(\Gamma, \Lambda)}(\operatorname{Hom}_\Lambda(\Gamma, C), A) = 0, \quad i > 0.$$

Beweis: Wegen (II), (P1) und (I1) ist $C \underset{\Lambda}{\otimes} \Gamma$ (Γ, Λ)-injektiv und $\operatorname{Hom}_\Lambda(\Gamma, C)$ (Γ, Λ)-projektiv, woraus die Behauptung folgt.

(VII) *Für beliebige Moduln A_Λ, $_\Gamma C$ bzw. A_Γ, $_\Lambda C$ gilt*

bzw. $\left.\begin{array}{l} \operatorname{Tor}^\Lambda_i(A, C) \simeq \operatorname{Tor}^\Gamma_i(\operatorname{Hom}_\Lambda(\Gamma, A), C) \\ \operatorname{Tor}^\Lambda_i(A, C) \simeq \operatorname{Tor}^\Gamma_i(A, \operatorname{Hom}_\Lambda(\Gamma, C)) \end{array}\right\} (i = 0, 1, \ldots).$

---
[3] Vgl. [5], Prop. 1—3.
[4] Spezialfall in [7], Prop. 7.

Für beliebige Moduln A_Λ, C_Γ bzw. A_Γ, C_Λ gilt[5]

bzw. $$\begin{aligned}\operatorname{Ext}^i_\Lambda(A, C) &\cong \operatorname{Ext}^i_\Gamma(\operatorname{Hom}_\Lambda(\Gamma, A), C)\\ \operatorname{Ext}^i_\Lambda(A, C) &\cong \operatorname{Ext}^i_\Gamma(A, C \underset{\Lambda}{\otimes} \Gamma).\end{aligned}\quad\bigg\} \quad (i = 0, 1, \ldots).$$

Beweis: Folgt wegen (r2), (12) und (II) aus [2], S. 116—118, case 1—4.

Aus (VII) folgt unmittelbar

(VIII) *Für einen beliebigen Λ-Rechtsmodul A gilt:*

$$\text{s-dim}_\Gamma\left(\operatorname{Hom}_\Lambda(\Gamma, A)\right) \leq \text{s-dim}_\Lambda(A).$$
$$\text{p-dim}_\Gamma\left(\operatorname{Hom}_\Lambda(\Gamma, A)\right) \leq \text{p-dim}_\Lambda(A).$$
$$\text{i-dim}_\Gamma\left(A \underset{\Lambda}{\otimes} \Gamma\right) \leq \text{i-dim}_\Lambda(A).$$

Für die nächsten Folgerungen brauchen wir einen Hilfssatz, bei dem nicht vorausgesetzt wird, daß Γ/Λ Frobenius-Erweiterung ist.

Hilfssatz 4: *Sei Γ ein Ring mit 1-Element und Λ ein Unterring mit dem gleichen 1-Element.*

a) Ist Γ_Λ projektiver Λ-Modul, dann ist jeder Γ-projektive Modul A_Γ auch als Λ-Modul projektiv.

b) Ist $_\Lambda\Gamma$ projektiver Λ-Modul, dann ist jeder Γ-injektive Modul A_Γ auch as Λ-Modul injektiv.

Beweis[6]**:** a) Die Behauptung folgt aus der Tatsache, daß ein projektiver Modul direkter Summand eines freien Moduls ist und daß direkte Summen und direkte Summanden von projektiven Moduln wieder projektiv sind.

b) Als Γ-injektiver Modul ist A_Γ (bis auf Isomorphie) direkter Summand eines injektiven Moduls der Form $\operatorname{Hom}_Z(\Gamma, T)$, wobei T eine teilbare Abelsche Gruppe und Z der Ring der ganzen Zahlen ist. Da $_\Lambda\Gamma$ projektiv ist, gibt es einen freien Λ-Modul $_\Lambda F$ mit

$$_\Lambda F = {}_\Lambda\Gamma \oplus {}_\Lambda B = \underset{i}{\oplus} \Lambda x_i, \qquad {}_\Lambda\Lambda x_i \cong {}_\Lambda\Lambda.$$

Dann folgt

$$\operatorname{Hom}_Z(F, T) \cong \operatorname{Hom}_Z(\Gamma, T) \oplus \operatorname{Hom}_Z(B, T)$$

---

[5] Spezialfälle in [3], Prop. 7; [7]; Prop. 2.

[6] Der Beweis von a) ist wohlbekannt. Zu b) siehe [2], S. 31; der Beweis wird dort aber nicht ausgeführt; außerdem fehlt dort Angabe der Seite, für die Γ als Λ-Modul projektiv sein muß. Vgl. auch [2], S. 123, Ex. 10. Wir führen den Beweis dual zu dem bekannten Beweis von a), den wir kurz angeben.

als Λ-Rechtsmoduln. Andererseits gilt

$$\operatorname{Hom}_{\mathbb{Z}}(F, T) = \operatorname{Hom}_{\mathbb{Z}}(\oplus_i \Lambda x_i, T) \simeq \prod_i \operatorname{Hom}_{\mathbb{Z}}(\Lambda x_i, T),$$

und somit ist $\operatorname{Hom}_{\mathbb{Z}}(F, T)$ als direktes Produkt der injektiven Λ-Rechtsmoduln $\operatorname{Hom}_{\mathbb{Z}}(\Lambda x_i, T) \cong \operatorname{Hom}_{\mathbb{Z}}(\Lambda, T)$ wieder injektiv und dann auch A als direkter Summand.

Sei jetzt wieder Γ/Λ eine Frobenius-Erweiterung.

(IX) *Für einen Γ-Rechtsmodul A endlicher schwacher bzw. projektiver bzw. injektiver Dimension gilt*[7]:

$$\text{s-dim}_{\Gamma}(A) \leq \text{s-dim}_{\Lambda}(A)$$

bzw.

$$\text{p-dim}_{\Gamma}(A) = \text{p-dim}_{\Lambda}(A)$$

bzw.

$$\text{i-dim}_{\Gamma}(A) = \text{i-dim}_{\Lambda}(A).$$

Beweis: Wir beweisen nur die dritte Behauptung und schreiben C statt A. Sei $\text{i-dim}_{\Gamma}(C) = n < \infty$ und sei A_{Γ} mit $\operatorname{Ext}_{\Gamma}^n(A, C) \neq 0$. Die Folge der Γ-Rechtsmoduln

$$0 \to A \to \operatorname{Hom}_{\Lambda}(\Gamma, A) \to B \to 0$$

mit $B = \operatorname{Hom}_{\Lambda}(\Gamma, A)/\operatorname{Hom}_{\Gamma}(\Gamma, A)$ ist exakt. Dann gilt wegen $\operatorname{Ext}_{\Gamma}^{n+1}(B, C) = 0$, daß

$$\operatorname{Ext}_{\Gamma}^n(\operatorname{Hom}_{\Lambda}(\Gamma, A), C) \to \operatorname{Ext}_{\Gamma}^n(A, C)$$

ein Epimorphismus ist. Wegen (VII) gilt folglich $\operatorname{Ext}_{\Lambda}^n(A, C) \neq 0$, also $\text{i-dim}_{\Gamma}(C) \leq \text{i-dim}_{\Lambda}(C)$. Die Umkehrung ist klar, da nach dem Hilfssatz jede injektive Auflösung von C_{Γ} auch eine solche von C_{V} ist.

Wir brauchen nun einen weiteren Hilfssatz, bei dem wir nicht voraussetzen, daß Γ/Λ Frobenius-Erweiterung ist.

Hilfssatz 5 [8]: *Sei Γ ein Ring mit 1-Element und Λ ein Unterring mit dem gleichen 1-Element. Dann gilt*

a) Ist A_{Γ} (Γ, Λ)-projektiv und ist $_{\Lambda}\Gamma$ Λ-projektiv, dann gilt für beliebigen Moduln C_{Γ}:

$\operatorname{Ext}_{\Gamma}^i(A, C)$ *ist zu einem direkten Summanden von* $\operatorname{Ext}_{\Lambda}^i(A, C)$ *isomorph.*

b) Ist C_{Γ} (Γ, Λ)-injektiv und ist Γ_{Λ} Λ-projektiv, dann gilt für beliebigen Modul A_{Γ}:

---
[7] Vgl. [3], Theorem 10; [7], Theorem 5.
[8] Vgl. [8], Prop. 1.

$\operatorname{Ext}^i_\Gamma(A, C)$ *ist zu einem direkten Summanden von* $\operatorname{Ext}^i_\Lambda(A, C)$ *isomorph.*

c) *Ist* A_Γ (Γ, Λ)-*projektiv und* $_\Lambda\Gamma$ Λ-*projektiv, dann gilt für beliebigen Modul* $_\Gamma C$:

$\operatorname{Tor}^\Gamma_i(A, C)$ *ist zu einem direkten Summanden von* $\operatorname{Tor}^\Lambda_i(A, C)$ *isomorph.*

d) *Ist* $_\Gamma C$ (Γ, Λ)-*projektiv und* Γ_Λ Λ-*projektiv, dann gilt für beliebigen Modul* A_Γ:

$\operatorname{Tor}^\Gamma_i(A, C)$ *ist zu einem direkten Summanden von* $\operatorname{Tor}^\Lambda_i(A, C)$ *isomorph.*

Beweis: Wir beweisen nur a), da die anderen Behauptungen analog zu zeigen sind. Da A (Γ, Λ)-projektiv ist, ist A zu einem Γ-direkten Summanden von $A \underset{\Lambda}{\otimes} \Gamma$ isomorph. Wegen $\operatorname{Hom}_\Gamma(A \underset{\Lambda}{\otimes} \Gamma, C) \simeq \operatorname{Hom}_\Lambda(A, C)$ (siehe [2], S. 118) ist dann $\operatorname{Hom}_\Gamma(A, C)$ zu einem direkten Summanden von $\operatorname{Hom}_\Lambda(A, C)$ isomorph. Da $_\Lambda\Gamma$ Λ-projektiv ist, ist nach Hilfssatz 4 jede Γ-injektive Auflösung von C auch eine Λ-injektive Auflösung von C. Daraus erhält man die Behauptung.

Für eine Frobenius-Erweiterung Γ/Λ ergibt sich aus diesem Hilfssatz unmittelbar:

(X) *Ist einer der Moduln* A_Γ, C_Γ (Γ, Λ)-*projektiv* $(= (\Gamma, \Lambda)$-*injektiv), dann ist* $\operatorname{Ext}^i_\Gamma(A, C)$ *zu einem direkten Summanden von* $\operatorname{Ext}^i_\Lambda(A, C)$ *isomorph*[9]. *Ist einer der Moduln* A_Γ, $_\Gamma C$ (Γ, Λ)-*projektiv* $(= (\Gamma, \Lambda)$-*injektiv), dann ist* $\operatorname{Tor}^\Gamma_i(A, C)$ *zu einem direkten Summanden von* $\operatorname{Tor}^\Lambda_i(A, C)$ *isomorph.*

Aus den Hilfssätzen 4 und 5 folgt schließlich

(XI) *Ist* A (Γ, Λ)-*projektiv, dann gilt*

$$\text{s-dim}_\Gamma(A) \leq \text{s-dim}_\Lambda(A)$$
$$\text{p-dim}_\Gamma(A) = \text{p-dim}_\Lambda(A)$$
$$\text{i-dim}_\Gamma(A) = \text{i-dim}_\Lambda(A).$$

3.2. Ausgezeichnete Frobenius-Erweiterungen

Wir wollen eine Ringerweiterung Γ/Λ ausgezeichnet nennen, wenn Γ als zweiseitiger Λ-Modul einen zu Λ isomorphen direkten Summanden besitzt.

---

[9] Spezialfall Γ = Gruppenring mit Koeffizienten aus kommutativem Ring Λ siehe [3], Prop. 14; vgl. auch [5], Prop. 4.

Beispiele für ausgezeichnete Frobenius-Erweiterungen kann man sofort angeben. Sei $\mathfrak{G}$ eine beliebige Gruppe, $\mathfrak{H}$ eine Untergruppe von endlichem Index in $\mathfrak{G}$, und sei R ein Ring mit 1-Element, dann ist der Gruppenring $R[\mathfrak{G}]$ ausgezeichnete (freie) Frobenius-Erweiterung von $R[\mathfrak{H}]$.

Eine ausgezeichnete Frobenius-Erweiterung hat man auch in dem Falle, daß Γ/Λ eine freie Frobenius-Erweiterung und Λ im Zentrum von Γ enthalten ist. Sind nämlich $r_1, \ldots, r_n$ und $l_1, \ldots, l_n$ duale Basen und ist ψ der Frobenius-Homomorphismus mit $\psi(l_i r_j) = \delta_{ij}$, dann hat man die Zerlegung $\Gamma = l_1 r_1 \Lambda \oplus \text{Ke}(\psi)$ in zweiseitige Λ-Moduln, wobei $l_1 r_1 \Lambda$ als zweiseitiger Λ-Modul zu Λ isomorph ist.

Diese Beispiele zeigen die Bedeutung der ausgezeichneten Frobenius-Erweiterungen.

Hilfssatz 6: *a) Ist Γ/Λ eine ausgezeichnete Ringerweiterung, sind $_\Lambda\Gamma$ und Γ_Λ projektive Λ-Moduln und sind A, C beliebige Λ-Rechtsmoduln, dann ist $\text{Ext}^i_\Lambda(A, C)$ isomorph zu einem direkten Summanden von $\text{Ext}^i_\Gamma(A \underset{\Lambda}{\otimes} \Gamma, C \underset{\Lambda}{\otimes} \Gamma)$, $\text{Ext}^i_\Gamma(A \underset{\Lambda}{\otimes} \Gamma, \text{Hom}_\Lambda(\Gamma, C))$, $\text{Ext}^i_\Gamma(\text{Hom}_\Lambda(\Gamma, A), C \underset{\Lambda}{\otimes} \Gamma)$ und $\text{Ext}^i_\Gamma(\text{Hom}_\Lambda(\Gamma, A), \text{Hom}_\Lambda(\Gamma, C))$.*

b) Voraussetzungen über Γ/Λ wie in a). Sind A ein Λ-Rechts- und C ein Λ-Linksmodul, dann ist $\text{Tor}^\Lambda_i(A, C)$ isomorph zu einem direkten Summanden von $\text{Tor}^\Gamma_i(A \underset{\Lambda}{\otimes} \Gamma, C \underset{\Lambda}{\otimes} \Gamma)$, $\text{Tor}^\Gamma_i(A \underset{\Lambda}{\otimes} \Gamma, \text{Hom}_\Lambda(\Gamma, C))$, $\text{Tor}^\Gamma_i(\text{Hom}_\Lambda(\Gamma, A), C \underset{\Lambda}{\otimes} \Gamma)$ und $\text{Tor}^\Gamma_i(\text{Hom}_\Lambda(\Gamma, A), \text{Hom}_\Lambda(\Gamma, C))$.

Beweis[10]: Da die Beweisführung in allen Fällen analog verläuft, können wir uns darauf beschränken zu zeigen, daß $\text{Ext}^i_\Lambda(A, C)$ zu einem direkten Summanden von $\text{Ext}^i_\Gamma(A \underset{\Lambda}{\otimes} \Gamma, M \underset{\Lambda}{\otimes} \Gamma)$ isomorph ist. Sei $\Gamma = \Lambda' \oplus \Lambda''$ die nach Voraussetzung existierende Zerlegung von Γ in zweiseitige Λ-Moduln mit $\Lambda' \cong \Lambda$. Dann folgt

$$\text{Ext}^i_\Lambda(A, M \underset{\Lambda}{\otimes} \Gamma) \cong \text{Ext}^i_\Lambda(A, M \underset{\Lambda}{\otimes} \Lambda') \oplus \text{Ext}^i_\Lambda(A, M \underset{\Lambda}{\otimes} \Lambda'')$$
$$\cong \text{Ext}^i_\Lambda(A, M) \oplus \text{Ext}^i_\Lambda(A, M \underset{\Lambda}{\otimes} \Lambda'').$$

Da $_\Lambda\Gamma$ projektiv ist, folgt (nach [2], S. 118)

$$\text{Ext}^i_\Lambda(A, M \underset{\Lambda}{\otimes} \Gamma) \cong \text{Ext}^i_\Gamma(A \underset{\Lambda}{\otimes} \Gamma, M \underset{\Lambda}{\otimes} \Gamma),$$

womit der Beweis geführt ist.

---

[10] Vgl. [5], Beweis von Prop. 6.

Aus diesem Hilfssatz entnimmt man unmittelbar die

Folgerung: *Sei Γ/Λ ausgezeichnet, seien ${}_\Lambda\Gamma$ und Γ_Λ projektiv, und sei A ein beliebiger Λ-Rechtsmodul, dann gilt*[11]

$$\text{p-dim}_\Lambda(A) \leq \text{p-dim}_\Gamma(A \underset{\Lambda}{\otimes} \Gamma),$$

$$\text{p-dim}_\Lambda(A) \leq \text{p-dim}_\Gamma(\text{Hom}_\Lambda(\Gamma, A)),$$

$$\text{i-dim}_\Lambda(A) \leq \text{i-dim}_\Gamma(A \underset{\Lambda}{\otimes} \Gamma),$$

$$\text{i-dim}_\Lambda(A) \leq \text{i-dim}_\Gamma(\text{Hom}_\Lambda(\Gamma, A)),$$

$$\text{s-dim}_\Lambda(A) \leq \text{s-dim}_\Gamma(A \underset{\Lambda}{\otimes} \Gamma),$$

$$\text{s-dim}_\Lambda(A) \leq \text{s-dim}_\Gamma(\text{Hom}_\Lambda(\Gamma, A)),$$

$$\text{g-dim}(\Lambda) \leq \text{g-dim}(\Gamma).$$

Wendet man diese Abschätzung auf eine ausgezeichnete Frobenius-Erweiterung an, so erhält man unter Beachtung von (VIII) den

Satz 3[12]: *Ist Γ/Λ eine ausgezeichnete Frobenius-Erweiterung, dann gilt für jeden Λ-Rechtsmodul A:*

$$\text{s-dim}_\Gamma(A \underset{\Lambda}{\otimes} \Gamma) = \text{s-dim}_\Gamma(\text{Hom}_\Lambda(\Gamma, A)) = \text{s-dim}_\Lambda(A),$$

$$\text{p-dim}_\Gamma(A \underset{\Lambda}{\otimes} \Gamma) = \text{p-dim}_\Gamma(\text{Hom}_\Lambda(\Gamma, A)) = \text{p-dim}_\Lambda(A),$$

$$\text{i-dim}_\Gamma(A \underset{\Lambda}{\otimes} \Gamma) = \text{i-dim}_\Gamma(\text{Hom}_\Lambda(\Gamma, A)) = \text{i-dim}_\Lambda(A).$$

Wir weisen schließlich darauf hin, daß man die zuvor angegebene Folgerung auch mit (IX) und (XI) zu neuen Dimensionsgleichungen verknüpfen kann.

3.3 Eigenschaften der Spur

Wir wollen uns jetzt auf freie Frobenius-Erweiterungen beschränken. Dann gibt es, wie in 1.4. ausgeführt, eine Rechtsbasis $r_1, \ldots, r_n$ und eine Linksbasis $l_1, \ldots, l_n$ von Γ/Λ, die zueinander dual sind. Seien M und N beliebige Γ-Rechtsmoduln und sei $g \in \text{Hom}_\Lambda(M, N)$, dann betrachtet man die aus der Kohomologie der Gruppen bekannte Abbildung

$$\text{Spur}(g) = \sum_{i=1}^{n} l_i^* g r_i',$$

wobei r_i' bzw. l_i^* der durch r_i bzw. l_i erzeugte Rechtsmultiplikator von M bzw. N ist.

---
[11] Die globale Dimensionsabschätzung enthält [5], Prop. 6.
[12] Enthält [3], Corollary 8'; [5], Prop. 7.

Die Spur besitzt die beiden folgenden Eigenschaften, von denen wir allein Gebrauch machen.

1. Aus $g \in \mathrm{Hom}_\Lambda(M, N)$ folgt $\mathrm{Spur}(g) \in \mathrm{Hom}_\Gamma(M, N)$.
2. Sind L und Q weitere Γ-Rechtsmoduln und gilt

$$g \in \mathrm{Hom}_\Lambda(M, N), \quad f_1 \in \mathrm{Hom}_\Gamma(N, Q), \quad f_2 \in \mathrm{Hom}_\Gamma(L, M),$$

dann folgt $\mathrm{Spur}(f_1 g f_2) = f_1 \mathrm{Spur}(g) f_2$.

Die erste Eigenschaft folgt aus der Dualität der Basen; die zweite ist unmittelbar klar.

Sei jetzt $f \in \mathrm{Hom}_\Gamma(M, N)$, sei A ein Γ-Rechtsmodul und bezeichnet 1_A die identische Abbildung von A, dann induziert f in bekannter Weise einen Homomorphismus $\mathrm{Ext}^i_{(\Gamma, \Lambda)}(1_A, f)$ von $\mathrm{Ext}^i_{(\Gamma, \Lambda)}(A, M)$ in $\mathrm{Ext}^i_{(\Gamma, \Lambda)}(A, N)$. Die entsprechende Bemerkung gilt auch für das erste Argument, wobei nur die Kontravarianz zu beachten ist.

Satz 4[13]:

a) Seien A, M, N beliebige Γ-Rechtsmoduln und sei $g \in \mathrm{Hom}_\Lambda(M, N)$, dann gilt

$$\mathrm{Ext}^i_{(\Gamma, \Lambda)}(1_A, \mathrm{Spur}(g)) = 0, \quad i = 1, 2, \ldots.$$

b) Seien A, B, N beliebige Γ-Rechtsmoduln und sei $g \in \mathrm{Hom}_\Lambda(B, A)$, dann gilt

$$\mathrm{Ext}^i_{(\Gamma, \Lambda)}(\mathrm{Spur}(g), 1_M) = 0, \quad i = 1, 2, \ldots.$$

Bemerkung: Die analoge Aussage gilt auch für $\mathrm{Tor}_i^{(\Gamma, \Lambda)}$.

Beweis: Wir beweisen nur a). Sei

$$\cdots \xrightarrow{\alpha_3} A_2 \xrightarrow{\alpha_2} A_1 \xrightarrow{\alpha_1} A_0 \to A \to 0$$

eine (Γ, Λ)-projektive Auflösung von A. Dann gibt es

$$h_i \in \mathrm{Hom}(A_i, A_{i+1})$$

mit

$$1_{A_i} = h_{i-1} \alpha_i + \alpha_{i+1} h_i.$$

Ist $f \in \mathrm{Hom}_\Gamma(A_i, M)$ und $f \in \mathrm{Ke}(\mathrm{Hom}(\alpha_{i+1}, 1_M))$, d.h. $f \alpha_{i+1} = 0$, dann folgt

$$f = f 1_{A_i} = f h_{i-1} \alpha_i.$$

Daraus erhält man

$$\mathrm{Spur}(g) f = \mathrm{Spur}(gf) = \mathrm{Spur}(g f h_{i-1} \alpha_i) = \mathrm{Spur}(g f h_{i-1}) \alpha_i,$$

---

[13] Dieser Satz stellt eine Verallgemeinerung von Satz 11 aus [1] dar, wo Γ ein Gruppenring ist. Der Beweis kann aus [1] übernommen werden, doch wollen wir ihn der Vollständigkeit halber angeben.

also
$$\operatorname{Spur}(g) f \in \operatorname{Bi}(\operatorname{Hom}(\alpha_i, 1_N))$$
und somit gilt wie behauptet
$$\operatorname{Ext}^i_{(\Gamma, \Lambda)}(1_A, \operatorname{Spur}(g)) = 0.$$
Bezeichne $Z_\Gamma(\Lambda)$ den Zentralisator von Λ in Γ, dann ist für jeden Γ-Rechtsmodul die Multiplikation einem $\tau \in Z_\Gamma(\Lambda)$ ein Λ-Endomorphismus und $\operatorname{Spur}(Z_\Gamma(\Lambda)) = \sum_{i=1}^n r_i Z_\Gamma(\Lambda) l_i$ ist ein Ideal des Zentrums von Γ. Aus dem Satz folgt, daß dieses Ideal jeden Modul $\operatorname{Ext}^i_{(\Gamma, \Lambda)}(A, M)$ $(i = 1, 2, \ldots)$ annulliert. Enthält dieses Ideal das 1-Element, d.h. stimmt es mit dem Zentrum überein, dann müssen offenbar alle $\operatorname{Ext}^i_{(\Gamma, \Lambda)}(A, M)$, $(i = 1, 2, \ldots)$ gleich Null sein und folglich ist jeder Γ-Modul (Γ, Λ)-projektiv [und (Γ, Λ)-injektiv][14].

Man erhält hieraus bei Beachtung von (XI) die

Folgerung: *Gibt es ein Element $\tau \in Z_\Gamma(\Lambda)$ mit $\operatorname{Spur}(\tau) = 1_\Gamma$, dann gilt*
$$\operatorname{g-dim}(\Gamma) \leq \operatorname{g-dim}(\Lambda).$$

Ist $\mathfrak{G}$ eine Gruppe, $\mathfrak{H}$ eine Untergruppe vom Index n in $\mathfrak{G}$ und R ein Ring mit 1-Element, dann ist $\Gamma = R[\mathfrak{G}]$ freie Frobenius-Erweiterung von $\Lambda = R[\mathfrak{H}]$. Es folgt, daß $n = \operatorname{Spur}(1)$ jeden Modul $\operatorname{Ext}^i_{(\Gamma, \Lambda)}(A, M)$ annulliert und daß im Falle $nR = R$ jeder Γ-Modul (Γ, Λ)-projektiv ist. Stimmt $\mathfrak{H}$ mit dem neutralen Element von $\mathfrak{G}$ überein, dann sind dies bekannte Resultate. Im Falle, daß $R = Z$ der Ring der ganzen Zahlen ist, erhält man aus unsern Überlegungen Ergebnisse aus der Kohomologie der Gruppen. Das ist klar, wenn man beachtet, daß für einen Normalteiler $\mathfrak{H}$ von $\mathfrak{G}$ gilt:
$$\operatorname{Ext}^i_{(Z[\mathfrak{G}], Z[\mathfrak{H}])}(Z, A) = \operatorname{Ext}^i_{Z[\mathfrak{G}/\mathfrak{H}]}(Z, A^{\mathfrak{H}}) = H^i(\mathfrak{G}/\mathfrak{H}, A^{\mathfrak{H}}), \quad (i = 0, 1, \ldots).$$

Schließlich beweisen wir noch den folgenden bekannten Satz, dessen eine Hälfte sofort aus Satz 4 folgt.

Satz 5[15]**:** *Für einen Γ-Rechtsmodul A sind die folgenden Eigenschaften äquivalent:*

(a) *A ist (Γ, Λ)-projektiv.*

---

[14] Siehe dazu auch [12].

[15] Dies ist Satz 12 aus [9]; später wurde dieser Satz noch einmal von D. G. HIGMAN in [6] mitgeteilt. Er geht auf [4], Satz 1 zurück, den er als Spezialfall enthält. Im Spezialfall eines Gruppenrings Γ siehe z. B. auch [2], S. 233, Prop. 1.1. Der folgende Beweis weicht zum Teil von der Beweisführung in der Literatur ab.

(b) A ist (Γ, Λ)-injektiv.

(c) Es gibt ein $g \in \operatorname{Hom}_\Lambda(A, A)$ mit $\operatorname{Spur}(g) = 1_A$.

Beweis: Wie schon festgestellt, sind (a) und (b) äquivalent. Ist (c) erfüllt, dann folgen (a) und (b) nach Satz 4. Es bleibt zu zeigen, daß (c) aus (a) folgt. Für $A \underset{A}{\otimes} \Gamma$ betrachten wir die Abbildung $1_A \otimes \psi$, wobei ψ der nach 2.3 existierende Frobenius-Homomorphismus von Γ in Λ ist. Dann folgt wegen der Dualität der Basen und

(9) $\operatorname{Spur}(1_A \otimes \psi) = 1_{A \underset{\Lambda}{\otimes} \Gamma}$. Da unter Voraussetzung von (a) A (bis auf Isomorphie) Γ-direkter Summand von $A \underset{\Lambda}{\otimes} \Gamma$ ist, hat die Einschränkung g von $1_A \otimes \psi$ auf A die gewünschte Eigenschaft.

Literatur

[1] ARTIN, E.: Kohomologie endlicher Gruppen. Vorlesungsausarbeitung Math. Sem. Hamburg 1957. — [2] CARTAN, H., and S. EILENBERG: Homological Algebra. Princeton Press 1956. — [3] EILENBERG, S., and T. NAKAYAMA: On the dimension of moduls and algebras II. Nagoya Math. J. 9, 1—16 (1955). — [4] GASCHÜTZ, W.: Über den Fundamentalsatz von MASCHKE zur Darstellungstheorie der endlichen Gruppen. Math. Z. 56, 376—387 (1952). — [5] GOPALAKRISHNAN, N. S., N. RAMABHADRAN and R. SRIDHARAN: A note on the dimension of moduls and algebras. J. Indian Math. Soc. 21, 185—192 (1957). — [6] HIGMAN, D. G.: Induced and produced moduls. Canadian J. Math. 7, 490—508 (1955). — [7] HIRATA, K.: On relative homological algebra of Frobenius extensions. Nagoya Math. J. 15, 17—28 (1959). — [8] HOCHSCHILD, G.: Relative homological algebra. Trans. Amer. Math. Soc. 82, 246—269 (1956). — [9] KASCH, F.: Grundlagen einer Theorie der Frobeniuserweiterungen. Math. Ann. 127, 453—474 (1954). — [10] KASCH, F.: Ein Satz über Frobeniuserweiterungen. Arch. Math. (im Druck). — [11] NAKAYAMA, T. and T. TSUZUKU: A remark on Frobenius extensions and endomorphism rings. Nagoya Math. J. 15, 9—16 (1959). — [12] SHIMURA, G.: On a certain ideal of the center of a Frobeniusean algebra. Sci. Papers Coll. Gen. Educ. Univ. Tokyo 2, 117—124 (1952).

Inhalt des Jahrgangs 1949:

1. H. MAASS. Automorphe Funktionen und indefinite quadratische Formen. DM 3.60.
2. O. H. ERDMANNSDÖRFFER. Über Fasergranite und Böllsteiner Gneis. DM 1.20.
3. K. H. SCHUBERT. Die eindeutige Zerlegbarkeit eines Knotens in Primknoten. DM 2.80.
4. K. HOLLDACK. Grenzen der Herzauskultation. DM 4.20.
5. K. FREUDENBERG. Die Bildung ligninähnlicher Stoffe unter physiologischen Bedingungen. DM 1.—.
6. W. TROLL und H. WEBER. Morphologische und anatomische Studien an höheren Pflanzen. DM 7.80.
7. W. DOERR. Pathologische Anatomie der Glykolvergiftung und des Alloxandiabetes. MD 9.80.
8. W. THRELFALL. Knotengruppe und Homologieinvarianten. DM 1.50.
9. F. OEHLKERS. Mutationsauslösung durch Chemikalien. DM 3.80.
10. E. SPERNER. Beziehungen zwischen geometrischer und algebraischer Anordnung. DM 3.—.
11. F. HELLER. Ursus (Plionarctos) stehlini Kretzoi. DM 4.80.
12. W. RAUH. Klimatologie und Vegetationsverhältnisse der Athos-Halbinsel und der ostägäischen Inseln Lemnos, Evstratios, Mytiline und Chios. DM 10.50.
13. Y. REENPÄÄ. Die Schwellenregeln in der Sinnesphysiologie und das psychophysische Problem. DM 1.60.

Inhalt des Jahrgangs 1950:

1. W. TROLL und W. RAUH. Das Erstarkungswachstum krautiger Dikotylen, mit besonderer Berücksichtigung der primären Verdickungsvorgänge. DM 13.40.
2. A. MITTASCH. Friedrich Nietzsches Naturbeflissenheit. DM 8.80.
3. W. BOTHE. Theorie des Doppellinsen-β-Spektrometers. DM 1.90.
4. W. GRAEUB. Die semilinearen Abbildungen. DM 7.20.
5. H. STEINWEDEL. Zur Strahlungsrückwirkung in der klassischen Mesonentheorie. — Die klassische Mesondynamik als Fernwirkungstheorie. DM 1.80.
6. B. HACCIUS. Weitere Untersuchungen zum Verständnis der zerstreuten Blattstellungen bei den Dikotylen. DM 6.20.
7. Y. REENPÄÄ. Die Dualität des Verstandes. DM 6.80.
8. PETERSSON. Konstruktion der Modulformen und der zu gewissen Grenzkreisgruppen gehörigen automorphen Formen von positiver reeller Dimension und die vollständige Bestimmung ihrer Fourierkoeffizienten. DM 9.80.

Inhalt des Jahrgangs 1951:

1. A. MITTASCH. Wilhelm Ostwalds Auslösungslehre. DM 11.20.
2. F. G. HOUTERMANS. Über ein neues Verfahren zur Durchführung chemischer Altersbestimmungen nach der Blei-Methode. DM 1.80.
3. W. RAUH und H. REZNIK. Histogenetische Untersuchungen an Blüten- und Infloreszenzachsen sowie der Blütenachsen einiger Rosoideen, I. Teil. DM 10.—.
4. G. BUCHLOH. Symmetrie und Verzweigung der Lebermoose. Ein Beitrag zur Kenntnis ihrer Wuchsformen. DM 10.—.
5. L. KOESTER und H. MAIER-LEIBNITZ. Genaue Zählung von 2-Strahlen mit Proportionalzählrohren. DM 2.25.
6. L. HEFFTER. Zur Begründung der Funktionentheorie. DM 2.30.
7. W. BOTHE. Die Streuung von Elektronen in schrägen Folien. DM 2.40.

Sitzungsberichte der Heidelberger Akademie der Wissenschaften
Mathematisch-naturwissenschaftliche Klasse

Die Jahrgänge bis 1921 einschließlich erschienen im Verlag von Carl Winter, Universitätsbuchhandlung in Heidelberg, die Jahrgänge 1922—1933 im Verlag Walter de Gruyter & Co. in Berlin, die Jahrgänge 1934—1944 bei der Weiß'schen Universitätsbuchhandlung in Heidelberg. 1945, 1946 und 1947 sind keine Sitzungsberichte erschienen.

Jahrgang 1941.
1. Beiträge zur Petrographie des Odenwaldes. I. O. H. ERDMANNSDÖRFFER. Schollen und Mischgesteine im Schriesheimer Granit. DM 1.—.
2. M. STECK. Unbekannte Briefe Frege's über die Grundlagen der Geometrie und Antwortbrief Hilbert's an Frege. DM 1.—.
3. Studien im Gneisgebirge des Schwarzwaldes. XII. W. KLEBER. Über das Amphibolitvorkommen vom Bannstein bei Haslach im Kinzigtal. DM 1.60.
4. W. SOERGEL. Der Klimacharakter der als nordisch geltenden Säugetiere des Eiszeitalters. DM 1.40.

Jahrgang 1942.
1. E. GOTSCHLICH. Hygiene in der modernen Türkei. DM 0.60.
2. Studien im Gneisgebirge des Schwarzwaldes. XIII. O. H. ERDMANNSDÖRFFER. Über Granitstrukturen. DM 1.60.
3. J. D. ACHELIS. Die Überwindung der Alchemie in der paracelsischen Medizin. DM 1.40.
4. A. BENNINGHOFF. Die biologische Feldtheorie. DM 1.—.

Jahrgang 1943.
1. A. BECKER. Zur Bewertung inkonstanter α-Strahlenquellen. DM 1.—.
2. W. BLASCHKE. Nicht-Euklidische Mechanik. DM 0.80.

Jahrgang 1944.
1. C. OEHME. Über Altern und Tod. DM 1.—.

1945, 1946 und 1947 sind keine Sitzungsberichte erschienen.

Ab Jahrgang 1948 erscheinen die „Sitzungsberichte" im Springer-Verlag.

Inhalt des Jahrgangs 1948:
1. P. CHRISTIAN und R. HAAS. Über ein Farbenphänomen. DM 1.50.
2. W. BLASCHKE. Zur Bewegungsgeometrie auf der Kugel. DM 1.—.
3. P. UHLENHUTH. Entwicklung und Ergebnisse der Chemotherapie. DM 2.—.
4. P. CHRISTIAN. Die Willkürbewegung im Umgang mit beweglichen Mechanismen. DM 1.50.
5. W. BOTHE. Der Streufehler bei der Ausmessung von Nebelkammerbahnen im Magnetfeld. DM 1.—.
6. W. TROLL. Urbild und Ursache in der Biologie. DM 1.50.
7. H. WENDT. Die JANSEN-RAYLEIGHsche Näherung zur Berechnung von Unterschallströmungen. DM 2.40.
8. K. H. SCHUBERT. Über die Entwicklung zulässiger Funktionen nach den Eigenfunktionen bei definiten, selbstadjungierten Eigenwertaufgaben. DM 1.80.
9. W. SCHAAFF. Biegung mit Erhaltung konjugierter Systeme. DM 1.80.
10. A. SEYBOLD und H. MEHNER. Über den Gehalt von Vitamin C in Pflanzen. DM 9.60.

GPSR Compliance
The European Union's (EU) General Product Safety Regulation (GPSR) is a set of rules that requires consumer products to be safe and our obligations to ensure this.

If you have any concerns about our products, you can contact us on

ProductSafety@springernature.com

In case Publisher is established outside the EU, the EU authorized representative is:

Springer Nature Customer Service Center GmbH
Europaplatz 3
69115 Heidelberg, Germany

www.ingramcontent.com/pod-product-compliance
Ingram Content Group UK Ltd.
Pitfield, Milton Keynes, MK11 3LW, UK
UKHW022234230426
12048UKWH00017BA/1241